Zhongguo Wenhua
Zhishi Duben

中国文化知识读本

主编 金开诚

编著 王忠强

华表

吉林出版集团有限责任公司

吉林文史出版社

图书在版编目（CIP）数据

华表 / 王忠强编著. —— 长春：
吉林出版集团有限责任公司：吉林文史出版社，2009.12（2023.4重印）
（中国文化知识读本）
ISBN 978-7-5463-1944-5

I. ①华… II. ①王… III. ①古建筑-建筑装饰-简
介-中国 IV. ①TU-092.2

中国版本图书馆CIP数据核字(2009)第236893号

华表

HUABIAO

主编/ 金开诚 编著/王忠强

项目负责/崔博华 责任编辑/曹 恒 崔博华

责任校对/王 新 装帧设计/曹 恒

出版发行/吉林出版集团有限责任公司 吉林文史出版社

地址/长春市福祉大路5788号 邮编/130000

印刷/天津市天玺印务有限公司

版次/2009年12月第1版 印次/2023年4月第6次印刷

开本/660mm×915mm 1/16

印张/8 字数/30千

书号/ISBN 978-7-5463-1944-5

定价/34.80元

前 言

　　文化是一种社会现象，是人类物质文明和精神文明有机融合的产物；同时又是一种历史现象，是社会的历史沉积。当今世界，随着经济全球化进程的加快，人们也越来越重视本民族的文化。我们只有加强对本民族文化的继承和创新，才能更好地弘扬民族精神，增强民族凝聚力。历史经验告诉我们，任何一个民族要想屹立于世界民族之林，必须具有自尊、自信、自强的民族意识。文化是维系一个民族生存和发展的强大动力。一个民族的存在依赖文化，文化的解体就是一个民族的消亡。

　　随着我国综合国力的日益强大，广大民众对重塑民族自尊心和自豪感的愿望日益迫切。作为民族大家庭中的一员，将源远流长、博大精深的中国文化继承并传播给广大群众，特别是青年一代，是我们出版人义不容辞的责任。

　　本套丛书是由吉林文史出版社和吉林出版集团有限责任公司组织国内知名专家学者编写的一套旨在传播中华五千年优秀传统文化，提高全民文化修养的大型知识读本。该书在深入挖掘和整理中华优秀传统文化成果的同时，结合社会发展，注入了时代精神。书中优美生动的文字、简明通俗的语言、图文并茂的形式，把中国文化中的物态文化、制度文化、行为文化、精神文化等知识要点全面展示给读者。点点滴滴的文化知识仿佛颗颗繁星，组成了灿烂辉煌的中国文化的天穹。

　　希望本书能为弘扬中华五千年优秀传统文化、增强各民族团结、构建社会主义和谐社会尽一份绵薄之力，也坚信我们的中华民族一定能够早日实现伟大复兴！

目录

一、华表的含义和起源

唐诗碑林华表

（一）名称和置放位置

华表的名称《史记》有如下解释："木贯柱四出名桓，陈楚俗桓声近和，又云和表，则华与和又相讹也。"《汉书·伊赏传》："'射垣木之表。'注曰：盼遂案：垣当为桓，形之误也。说文木部：桓，亭邮表也。汉、魏名曰桓表，亦曰和表。"由此可知，华表最初称"桓表"；后因"桓"音与"和"音相近，又称"和表"；"和"又与"华"音相近，又称之为"华表"，华表遂逐渐成为最通俗的称谓。

华表置放的位置，通常主要有以下三类：第一，立于皇宫门外，象征皇帝纳谏。如《史记》："……宫外桥梁头四植木是也。" 这里所说的"桥梁头四植木"就是华表。华表立于宫门外，自上古尧舜延续至明清帝王。第二，立于交通要道。《古今注》："大路交街悉施焉。"第三，放于墓地前侧。汉代以来，华表除立于宫殿和道路外，也开始立于墓地。《史记·淮南王传》记载：西汉文帝八年，淮南历王刘长谋反，事情败露，刘长杀人灭口，把主谋不章杀死，葬于肥陵邑，树表曰："开章死，埋此下。"这里所说的"表"，就是华表。《汉书·原涉传》亦载：汉哀帝时，游侠原涉扩大先父坟汉哀帝时，"买地开道，立表"。从现有资料来看，东汉时期墓前华表广泛流行，多用石质，又称为

天安门广场上的华表

华表的含义和起源

华表顶部

石柱。据《水经注》记载，东汉桂阳太守赵越、弘农太守张伯雅、安邑长尹俭等人的墓前均设有神道石柱，作为墓前神道的标志。

（二）"诽谤之木"

相传尧舜时在交通要道，讲究竖立木牌，让人在上面写谏言，名曰"诽谤木"，或简称"谤木"，也叫"华表木"。有专人负责将木柱上的意见抄录后，呈给帝王审阅。到了汉代，"华表木"就发展演变为通衢大道的标志，因这种标志远看像花朵，所以称为"华表"，汉代还在邮亭的地方竖立华表，让送信的人不至迷失方向。所以"谤木"又被称为"表木""华表木"，这就是人们通

神道石柱

常所说华表的起源。

　　华表最早的文字记载是《大戴礼记·保传》:"……有诽谤之木,有敢谏之鼓。"《吕氏春秋》亦有书证:"古者天子听朝,公卿正谏,博士颂诗,替裁师诵,庶人传语,史书其过,尤以为未足也,故尧置敢谏之鼓,舜立诽谤之木。之于善也,无小而不举;其于过也,无微而不改。"诽谤木一语下有注云:"书其过失以表木也。月《古今注》也注云,谤木即"今之华表木也。"

　　华表木源起的背景,舜立诽谤之木的目的,它的性质、任务、作用,在《帝王世纪》

记载得很清楚："舜立诽谤之木，申命九官十二牧，三载一考绩，三考黜陟幽明"。显然，这里华表木的属性，是一种表达民意的舆论监督工具，同时也是一种王者表示接受舆论监督的工具。舜设立华表木的目的，就是通过这一工具，让民众对他的朝臣九官十二牧进行舆论监督，甚至用以决定朝臣们宦途的"幽明"。

何谓诽谤？诽，《庄子》说："高论怨诽，为亢而已矣。"《说文》疏义说："诽，谤也。"谤，《玉篇》疏义说："诽也，对人道其恶也。"《南齐书》作"嚣谤"，《汉记》则疏义作"舆谤"。诽谤的古义很浅显明确，就是对某人某事批评、指责、议论，即舆论监督。如《国语》："厉王虐，

华表起源于"谤木"

汉代还在邮亭的地方竖立华表

国人谤王。……王怒，得卫巫使监谤者，以告，则杀之。国人莫敢言，道路以目。王喜，告邵公日，吾能饵谤矣。"这里讲的，就是舆论监督和压制舆论监督的残酷斗争。周厉王因此而落得个千古骂名。齐威王就不取他的败亡之道，据《战国策》载，齐威王采取的是欢迎舆论监督的政策："……群臣更民能面刺寡人人之过者，受上赏；上书谏寡人者，受中赏；能谤议于市朝，闻寡人之耳者，受下赏。"齐威王欢迎舆论监督，并没因此降低威信或损害其统治地位，反而收揽了民心，使得齐国大治，他本人也因此成为后世百王之典型。综上述疏义，可以看出，诽

华表
008

柱身雕刻流云纹华表

古时的华表木是供民众发表言论的工具

谤木确属一种民众表达言论的工具，即一种舆论监督工具。

何谓讽谏？谏与纳谏，是中国帝制历史时期一项重要的政治制度。《讽谏木序》《讽谏木新序》《谏木丛》等疏义说，讽谏木、谏木即华表木，其之设也，《古今注》指出："以表王者纳谏也。"《汉书》也指出："古之治天下，朝有进善之族，诽谤之术，所以通治道而来谏者也。" 这些疏义都揭示了华表木的性质，即华表木是一种供民众发表言论的工具，又是一种王者接受舆论监督和民众进行舆论监督的工具！所不同的是讽谏木较之诽谤木更讲求舆论监督的艺术。《诗经》可资书证：诗是反映当

位于神道两侧的石柱华表

华表是长期保存测量标志的美化形式

华表的含义和起源

江苏丹阳梁简文帝陵前的华表

华表顶端神兽

华表

江苏丹阳梁简文帝
陵前的石雕

时社会风貌与社会政治生活的，它的社会舆论力量非常大，"正得失，动天地，感鬼神，莫近乎诗"。它又分美、刺两大部分，"刺"指风诗，风诗是"上以风化下，下以风刺上。"风者，讽也。何休说："男女有所怨恨，相从而歌。饥者歌其食，劳者歌其事。男年六十、女年五十无子者，官衣食之，使之民间求诗。乡移于邑，邑移于国，国以闻于天子。故王者不出牌户，尽知天下所苦，不下堂而知四方。""乐官颂诗，以纳谏也"。古之采风者，在上达民意上很讲究委婉达意，采用的讽谏形式，即他们采用的舆论监督艺术，是他们一项垂范万世的杰作。孔子也说："吾其从讽谏。"

《国语》："吾闻以德荣为国华。"德，指术上的文德；华，指木上的文采。《吕氏春秋》疏义说："表，柱也。"即一种竖立的木头。在这种柱木上"书契"有文德文采的文字，始谓华表。它的创立者大舜说："书用识哉，所以记时事也。"这里所说的"书"，不是以纸帛为书写材料、以笔为书写工具的"书"，而是指以木为书写材料，以刀为书写工具的"书契"，即用刀在木上刻写文字。舜所说的"识"，是观看或阅读意义上的"识"。舜所说的"记时事"，则指记录时事，即指用文字形式在华表木载体上刻写新近发生的事实的意思。

古时华表有上达民意的作用

华表柱身

　　我们可以援引大量书证,《汉书》说:"书以广听。"《太平御览》说:"书者,言书其时事也。"《史记》注:"虑政有网失,使书干木。"《淮南子》注:"书其善否于华表木也。"《全唐诗》:"华表柱头留语后,更无消息到如今。"《三国志·魏》说,曹操征乌桓,因下大雨而退兵,于路旁竖大木表,上书:"方今署夏,道路不通,且侯秋冬,乃复进军。"这些都证明,华表木是一种用"写"的形式来记事表意的言论工具,又是一种以华表木为载体、以文字为传播方式的舆论监督工具。

颛顼像

（三）图腾崇拜

　　由于生产力水平的低下及科学知识的匮乏，我们的原始先民对"天"和"生殖"充满了敬畏和好奇。他们渴望与上天沟通，祈求风调雨顺，渴望多子多孙，于是有了很多的神话故事和传说，而这些神话和传说在现实生活中就形成了某些宗教礼仪和崇拜仪式。《国语·楚语》中提到："颛顼受之，乃命南正重司天以属神，命火正黎司地以属民，使复旧常，无相侵渎，是谓绝天地通。"于是"通天柱"就应运而生了。在四川大足北山石窟第136窟中，就有一座象征宇宙的石雕。该石雕分三个部分：上部为云雾缭绕的神仙世界；下部为巨龙盘绕的大地厚土；而中部则为八根有蛟龙缠绕的通天神柱。每根柱子下都雕一站立的"神人"，似乎在教化其脚下的小人物，看得出这些小人物都是凡人，姿态各异，有叩头的，也有坐着聆听的。这八根神柱正是起到了支撑并沟通天地的桥梁作用，谓之"擎天柱"或"通天柱"。由此可知，八柱首先是起到一个支撑作用，其后是作为下达天意、上传民意的媒介。

在古代原始宗教活动中，还有许多祭天和通天的法器和礼器。在良渚文化遗址中发现的内圆外方的棱柱体玉琮，实际上就是象征通天

四川大足北山石窟景观

柱之类的器物。《周礼·大宗伯》说："以玉作六器，以礼天地四方。以苍璧礼天，以黄琮礼地。"对此，张光直先生也认为玉琮是当时有显赫社会地位的权贵人物用来贯通天地的法器。可见，它不仅是拥有政治权力和经济权力的象征，也是通天权力和与神交往能力的象征。而这种被认为具有沟通权力和能力的人，只能是有较高社会地位的权贵，或者被看成是半人半仙、半人半兽式的巫觋。

由此可以推断出"诽谤木"在很大程度上带有原始宗教的色彩，其作用首先是向民众公布神的意图和命令，其次才是听取民众的愿望和意见，以达到天与地相互沟通交流的"通天柱"作用。这从华表的艺术造型中可以得到印

柱头处镶有云板，表示柱头已经伸到天上，象征通天的神柱

证:柱头处镶有云板,表示柱头已经伸到天上,象征通天的神柱。

中国古代的原始先民除了对"天"有着向往和崇拜之外,还对神秘的生殖有着强烈的好奇。从考古发现上来看,鱼、蛙、鹿、花等自然物都是原始先民最喜欢绘制的图像标志,这从某种意义来看类似于"图腾"。图腾就是原始社会的人用动物、植物或其他自然物作为其氏族血统的标志,并把它当作祖先来崇拜。

图腾崇拜是人类最原始的宗教观念之一,在图腾崇拜的基础上,才进一步产生对祖先神的崇拜,而性崇拜中对于生殖器的崇拜,则是祖先神崇拜的内容之一。上述这些动物

古代以黄琮礼地

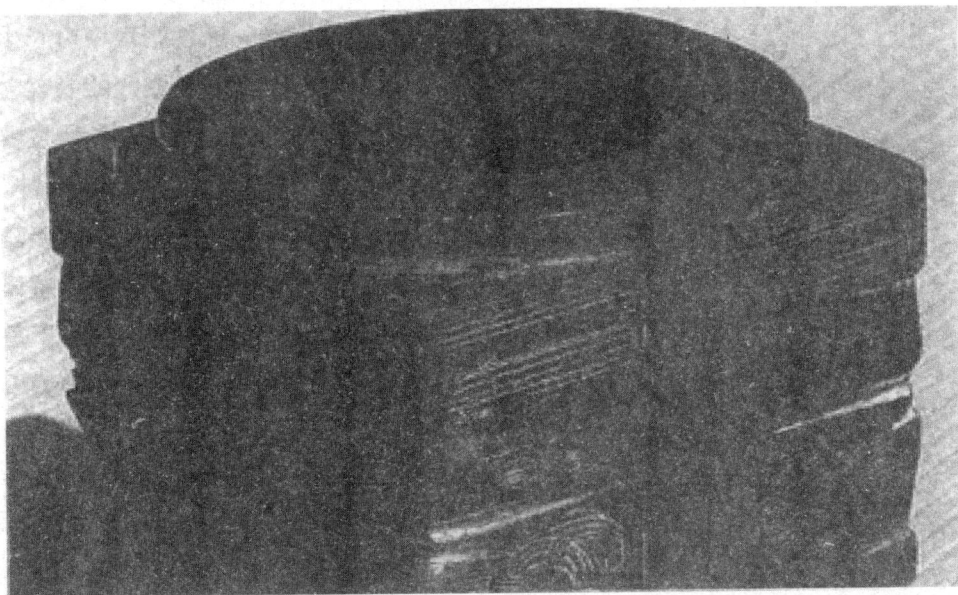

海南亚龙湾图腾柱

的一个共同的特征就是生殖能力旺盛，进而引发了女阴崇拜。

在经历了几万年的生活实践、经验积累后，原始先民发现只有男性生殖器和女阴接触，才会导致怀孕、生育，于是又兴起了男根崇拜。对男性生殖器的崇拜时至今日仍见其影响：刘达临在《中国古代性文化》中有写道："1988 年在陕西宝鸡西郊福临堡仰韶文化遗址中，出土了'石祖''陶祖'各一件。'石祖'长约 13 厘米，男子阴茎状，系用青石稍加工而成；'陶祖'长约 5 厘米，前端有小孔，形如尿道口，系捏塑而成，根部和两个睾丸粘接在红陶钵的内侧。"四川木里县大坝村有一个鸡儿洞，里面贡着一个 30 厘米高的石祖。当地妇女为祈求生育，经常向石祖膜拜，并拉起裙边，在石祖上坐一下或蹲一下，认为这样和石祖接触后才能生儿育女。生殖器崇拜不仅以器物的形式流传于世，而且对中国的文字也有相当深远的影响。比如"且"字，实际上就是男根的象形。之后又出现了"祖"字。"祖"字左边的"示"在古代指神庙，《周礼·春官·大宗伯》云："大宗伯之职，掌建邦之天神人鬼地示之礼"。"且"象征男根，所以"祖"实际上是以男根祭神之意，充分体现了男根崇拜。古人祭祖多用牌位，牌位就是木祖，其形状就是典型的"且"字。

蛇纹陶罐

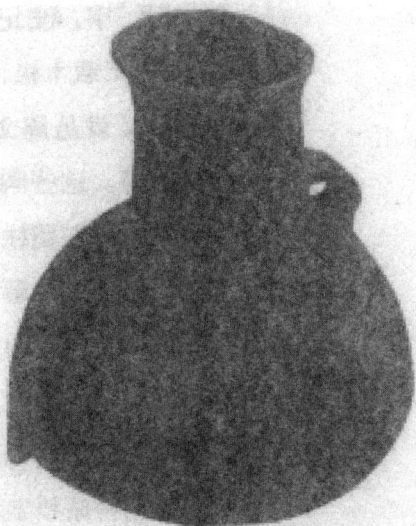

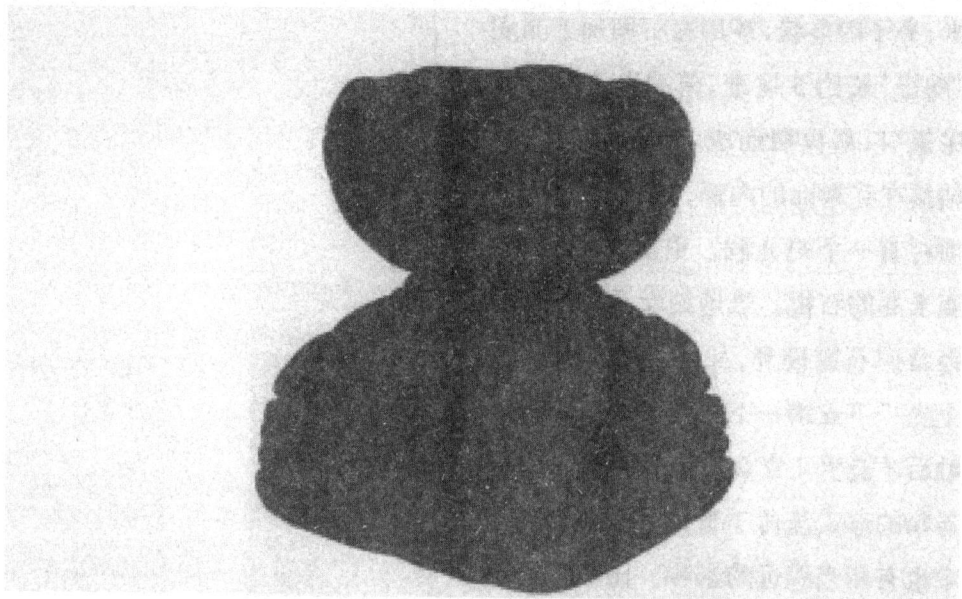
蛇纹陶罐

《史记·伯夷列传》中说："西伯崔，武王载木祖，号为文王，东伐纣。"此"木祖"就是周文王西伯候的牌位，乃木且之遗。这些陶祖、石祖和木祖，实际上就是后来图腾柱和祖先牌位的原型。

原始的图腾形象和图腾崇拜是在当时先民们因生产力水平的低下，无法摆脱靠天吃饭的命运，无法超脱自然和精神上的恐惧和痛苦转而祈求美好事物而形成的一种原始宗教和神话观念。其中对祖先神的崇拜及一并带出的性崇拜的现象，则在母系氏族社会向父系氏族社会转型后显得更加突出。因此，在我国文明时代初期出现的所谓"通天柱""擎天柱"，实际上

图腾柱

都是由父系氏族制社会普遍存在的陶祖、石祖和木祖之类的阳具象征物衍生出来的变形。而为了达到传达天意、反映民愿的目的，在尧的时代就将这种通天柱冠以"诽谤木"的意味，以此来体现民主。

（四）测量工具

中国早在数千年前，已经产生早期形态的

《史记·夏本纪》中提及的绳是
度量的工具

华表柱顶覆莲台上的蹲兽

测量技术。据《史记·夏本纪》记载，夏禹
治水时：左准绳，右规矩，行山刊木，进行
测量。其中所提及的绳，是度量的工具，也
可用作垂线；准是测水平和方位的工具；规，
矩可以绘图、测算；刊木又作表木、表。表

华表柱顶的覆莲台

是测量用的表尺。后来或写为"标",也有称为"度竿"的,即标有刻度的标尺。如宋人《武经总要》中所列之表:"度竿长二丈,刻作二百寸,二千分。每寸内小刻其分。"就是一种精度较高的标尺。除此而外,还有与表配合测量日影的"圭"尺。这些古代的测量工具如准、绳、规、矩、表等可以相互配合,完成较复杂的测量。如矩几种用途,《周辞算经》中称:"平矩以正绳,偃矩以望高,复矩以测深,卧矩以测远。"

至春秋战国时代,中国古代测量技术已

铜版《兆域图》

经相当发达，这一时期涌现的大量规模宏伟的都市、建筑、水利工程、军事工程等，都与测量密切相关。中山国一号墓出土的战国时代《兆域图》，是一幅绘制规范，比例约为1：500的工程规划图。而长三百里的郑国渠，引黄入沭的运河——鸿沟，沟通长江、珠江两大水系的灵渠，都离不开精密测量的巨型工程。湖南马王堆出土的西汉早期地图，则体现出先秦时代测量技术所达到的惊人水平。以上种种，无不证明中国古代测量技术和测量理论早在先秦时代即已发展成熟。因此，测量工具包括表木的运用，一定非常普及，当时产生的大量与测量工具有关的词语和比喻，如《淮南子·本经训》中的"抱表怀绳"、《吕氏春秋·不屈》中的"若施者，其操表缀者也"，都是从测量中引用表绳作为掌握标准的比喻，间接地反映了表木应用的广泛。现在对于古代测量术的某些具体方法已经失传，幸存的少数资料又散见于浩瀚的古代典籍中，尤其古代数学和术数类著作中不乏价值很高的材料。

我们知道，中国古代建筑的平面形式，一般都是方形或长方形，所以运用"四隅立表法"的测量方式就非常适合，建筑方

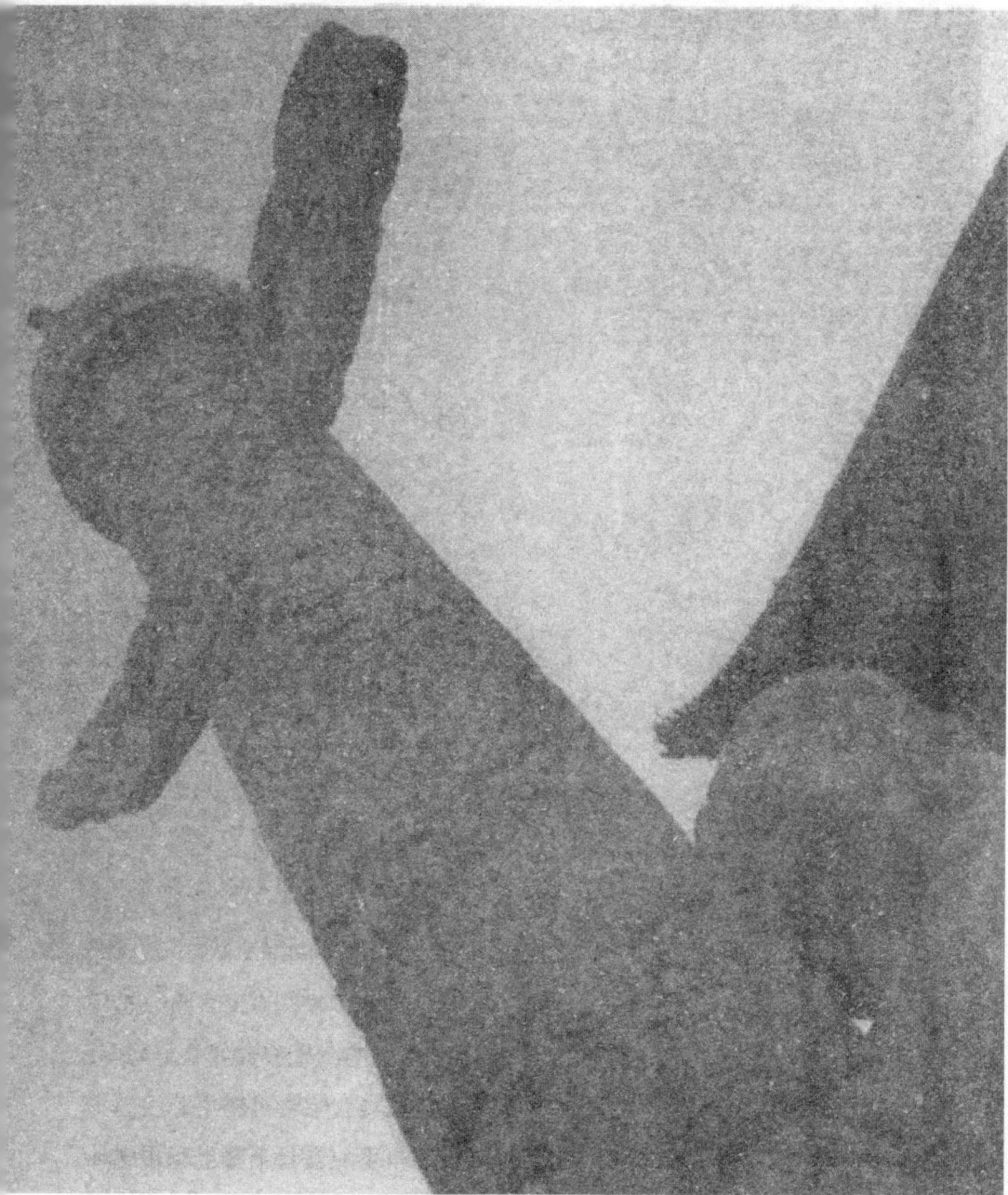

高大雄伟的华表

华表广场

形的城、宫、宅均可使用此法。不仅如此，连军事上安营下寨也运用这种技术，《通典》卷一百五十七《下营斥侯并防捍及分布阵》条："定得营地，孽五军分数，立四表侯视，……各以本方下营，一人一步，随师多少，咸表十二辰……审子午卯酉，……其樵采牧饮，不得出表外。"同卷《行军下营审择其地》条中引《太公兵法》

华表柱雕刻工艺细致精美

云："安营阵以六为法，亦可方六百步，亦可六十步，量人地之，置表十二辰，将军自居九天之上。"这里的"量人"即测量者。

现代建筑完工后一般不保留显著的测量标志。但是，中国古代却不然，如古代建筑中的桓表，《汉书·酷吏传》

中有"座寺门桓东";如淳曰:"旧亭传于四角面百步,筑土四方,上有屋,屋上有柱出,高丈余,有大板贯柱四出,名曰桓表。县所治夹两边各一桓。陈宋之俗言桓声如和,今犹谓之和表。";师古曰:"即华表也。"县所治即当时的衙署,这种形式就是中国古代在已经完工的建筑上存留表木的例子。在一座建筑的四角保留四根表木(桓木),实际上是四隅立表法的遗制。桓,据《檀弓》注曰:"四植谓之桓。"当是一组表木的名称。

华表顶部的鸟改为一蹲兽,蹲兽下部增出一仰覆莲台,这里的仰覆莲台实质上也是转枢结构的变异。这一点,从宋代曾公亮的《武经总要》上所绘"水平"(水准仪)也可观察出。

大连星海广场华表

北京大学校内的华表

转枢或名"转关"，图上转关部即绘为仰覆莲台形。可以说，古代的交午木，就是今天的方向架。而华表，就是长期保存测量标志的美化形式，相当于今日测量界使用的测量点规标。柱下的围栏或夹木，则相当于现代标志的保护装置。当然，华表的位置，就是基准测量点位。

（五）古代乐器

华表是由一种古代的乐器演变而来，名为"木铎"，是一种中间细腰，腰上插有手柄的乐器。"木铎"是古代铎的一种，古代铎分为金铎、木铎两种。金铎金口金舌，是一种军用乐器，军中两司马振金铎，指挥击鼓。木铎金口木舌，是宣

华表由名为"木铎"的
古乐器演变而来

示政令所用的，秦汉以后的铎，已经不作乐器，改柄为钮，以便悬挂，置建筑檐下，吹风摇动作响，称为"檐铎"或"占风檐"。先秦时，代天子征求百姓意见的官员们，奔走于全国各地，敲击木铎以引起人们的注意。后来，天子不再派人出去征求意见，而是等人找上门来，将这种大型的木锋矗立于王宫之前，经过演变，就成了华表。

二、华表之历史嬗变

纵观风云变幻的华表神兽

（一）华表形制的历史嬗变

根据《史记·三家注》的描述，早期华表的形状是一根直立的木柱顶端贯以呈交叉状的两根横木。如《史记》中有"……桥梁交午柱头""……一纵一横为午，谓以木贯表柱四出"。文中"桥梁"不是现代意义上的桥梁，而是指钉在柱头的交叉横木。《古今注》："（华表）形似桔棒。"更形象地说明了华表的形制。自汉代以后，华表形制有两方面变化：

其一，华表柱头、柱身出现了雕饰的动物及花纹。晋干宝《搜神记》云："丁令威，本辽东人，学道龄灵虚山。援化鹤归辽，集城门

华表柱。"这里所说华表柱上的鹤为道人丁令威所化，实属荒诞，但它说明当时华表顶端已出现了雕饰的鹤。北魏杨之《洛阳伽蓝记》卷三"龙华寺"条说洛水上作浮桥叫"永桥"，南北两岸"有华表，举高二十丈。华表上作凤皇（凤凰），似欲冲天势"，这说明华表上刻有凤凰图案。唐朝诗人杜甫有"天寒白鹤归华表，日落青龙见水中"，刘锡禹"华表千年一鹤归，凝丹为顶雪为衣"等诗句，其意就是说华表顶上雕饰的是白鹤。观宋代名画《清

随着时代的变迁，石柱华表取代了木质华表

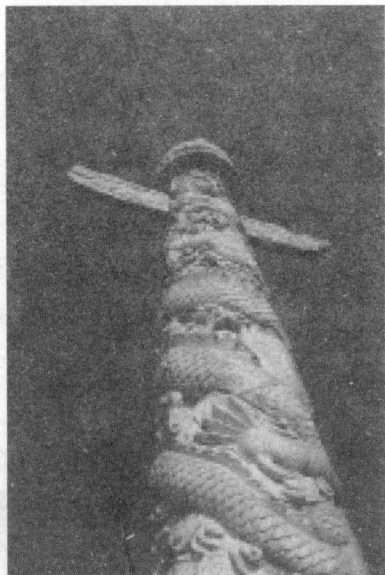

华表之历史嬗变

明上河图》，华表上确实雕饰有白鹤。华表上雕饰除了仙鹤、凤凰等神鸟外，更多的是象征威严的神兽，最常见的是"辟邪"和"吼"，现存南北朝至明清时期的古代华表，大多是这两种传说中的神兽。

其二，华表的质地从木质逐渐为石质。汉代以后，华表作为一种装饰，形趋于精美，用料趋于坚固，石质华表逐步取代木质华表。唐朝封演《封氏闻见记》记载："然则墓前石人、石兽、石柱之属，自汉代而有之矣。"这里所说的石柱就是石质华表。现存东汉、南北朝、唐宋明清时期的华表均为石质华表。

（二）华表功能的历史嬗变

华表最初具有表识作用。华表的来源因为周代

北京大学校内的华表

北京昌平明十三陵碑亭华表

实行井田制度，田门立木以分地界和行列远近，使人望见可知道路里程，所以又称之为"邮表"。因此，华表的起源，应该是源于其表识功能。此后，由于厚葬之风在我国古代的盛行，华表在陵墓建筑中的使用得到了长足发展。同时，华表在材质上也开始由木制演变为石制。《后汉书·光武十王·中山简王焉传》载："大为修冢茔，开神道。"注："墓前开道，建石柱以为标，谓之神道。"这里的"石柱"就是华表。此后，大凡陵墓皆有神道，其中华表的运用，最常见的就是将其竖立于陵墓神道前端两侧，作为神道的标志，因而也称之为望柱。而石翁仲、石兽之类，则为陵墓神道的守卫者，这在两汉以后尤盛。《汉书·游侠·原涉传》载，原涉为扩大祖先陵墓，"买地开道，立表"。这里所说的"立表"，就是竖立华表。此外，据《水经注》记载，东汉官吏墓前，在陈列石阙、石兽、石碑的同时，常常也竖立有华表。如在《清水篇》中所记桂阳太守赵越墓、《洧水篇》中所记弘农太守张伯雅墓、《水篇》中所记安邑长史尹俭墓等，都竖立有石柱。而现在北京西郊的东汉秦君墓中，也竖立有石柱，正是这种墓道石柱的实物例证，它们无疑就是华表的初期形式。其中秦君墓中华表，在其下部的础石上浮雕二虎，其上立柱，石柱从平面来看是将正方形的四角雕成弧形，而不是正圆形。柱身上刻凹槽

华表立于陵墓神道两侧，称之为望柱

华表
040

纹，上端以二虎承托矩形平板，镌刻死者的官职与姓名。刻有"汉故幽州书佐秦君之神道"十一字，可惜华表顶部柱冠已脱佚。

至魏晋南北朝时期，这种神道石柱的传统得到继承和发展，并进一步成为地位与尊严的象征，而其作为表识的职能开始逐渐退化。现在能见到的实物，有西晋魏雏墓华表，上镌刻"元康八年二月甲戌朔十日将军魏君之神柩也"；韩寿神道石柱，上镌刻"故散骑常侍骠骑将军培阳韩府君墓神道"；以及从豫北博爱出土的苟晞神道石柱，上镌刻"晋故乐安相河内苟府君神道"。此外，在梁萧景墓中，也竖立有华表，左右各有一座，直接继承了汉晋以来的形制。下为柱础，在方座上

安徽歙县徽园城楼外华表

东汉秦君神道石柱

华表顶端蹲兽又称望天吼

华表

置圆形石盘，刻成双螭的形状；中为方柱而四角微圆，柱身上段雕凹槽，下段刻束竹状，在二者之间雕刻绳辫及龙，并从柱身一面雕出方板；上刻死者的职衔；最上端柱顶，在镌刻有覆莲的圆盖上，置一小辟邪。整个华表形制简洁秀美，雕饰虽多而不繁琐。而其柱顶上刻有小辟邪的型制，同现在北京天安门前的华表非常近似。在这一时期，已经出现将华表看作帝王陵墓前建筑物的重要组成部分这一倾向。但华表依然并非皇家专属，也可被竖立于官吏墓前。时至梁天监年间，其表识的功能已经开始退化，而逐渐成为"记名位"的地位象征了。

随着封建专制制度的完善和强化，华表在

昭陵景观

陵墓建筑中作为尊严与地位象征的功能进一步得到发展，特别到了唐代，华表开始成为皇权的象征，成为皇族的专用仪仗。除昭陵及新城公主、长乐公主墓前有石柱作为华表外，即使跟随李世民征战南北的功臣李靖、李勣等墓，虽获宠陪陵，并可把墓造成山形，有石人、石羊、石虎等石雕，但绝对没有作为华表的石柱。就连唐太宗的废太子李承乾墓，也未见有华表。在唐高宗与武则天合葬的乾陵及其陪葬墓中，除乾陵外，也只有"号墓为陵"的懿德太子、永泰公主墓前有华表，即使章怀太子墓，也因其"不称陵"而没有立华表。这说明，到了唐代，已经形成一种制度，只允许帝陵和某些嫡系皇族成员的陵墓前竖立华表。

乾陵神道石雕

乾陵无字碑

永泰公主墓前华表

此外，在乾陵还形成一种定制，即有一对华表竖立于石雕群之前，作为神道的标志。以后历代的帝陵，都基本依此规制。在这些帝陵上竖立华表，虽不再有其原始的表识作用，而成为地位、尊严的象征，但从中依然可以看出其表识功能所遗留的痕迹。

至宋代，这一制度被完整地继承了下来，在墓葬建筑中，华表也只在帝陵中有所发现。如在河南巩县宋代帝陵群的永昭陵及其西北部袝葬的后陵中，华表都被竖立在神道的最前端，其后才为石雕群。其他帝陵如永昌陵、永定陵、永熙陵、永厚陵、永泰陵等，亦置华表于神道之前。这种形制大体沿袭唐陵制度，只是其规模较之唐陵小了许多。

明代以后这一现象发生了变化，华表在帝陵中的作用逐渐衰微。在明十三陵的墓葬群中，就没有发现单独出现的华表，只是在神道的最北端，即神道的末端，有一个棂星门，又称"龙凤门"。是用华表式的柱子组成的三个石门，门南向，三门并排，其间联以红色短桓，柱头的云板和小辟邪，构成门上的装饰，结构奇特。如果没有石柱之间的短桓，无疑就是华表。

明十三陵神道

永陵建筑群

在清代帝陵中，华表的这一演化趋势更加明显。在清初三陵努尔哈赤先祖的永陵中，没有发现华表。在努尔哈赤的福陵中，也没有单独的华表，只是在其神道前方，有一正红门牌楼，四柱三门，同明十三陵之龙凤门非常相似，亦用华表式的柱子组成，柱子上亦有小辟邪。在清太宗皇太极的昭陵中，则发现有两对华表，但都不在神道最前方作为神道的标志，而是作为重要建筑物前的配套装饰品。两对华表分别竖立于昭陵隆恩门及牌楼之前，形制大体相同。只是牌楼前的那对华表在顶上刻有一小辟邪，柱身为蟠龙纹；而另一对华表顶上无小辟邪，为尖顶状，柱身为云

纹。在其他清代帝陵中，也没有发现如唐宋
帝陵那样作为神道标志的华表。从这一过程
中可以看出，时至明清，华表已不再是帝陵
前神道的标志了。如果说作为神道标志的华
表，其表识的功能还有所保留的话，那么此
时，其表识的功能已经荡然无存，仅仅是作
为重要建筑物前的配套装饰物了。

三、华表之类型和功能

三 华表之类型和功能

（一）交通类

华表的重要功能之一就是作为交通标志。即《古今注》所谓"亦以表识路衢也"。交通华表设置于以下几个地方：

亭邮《说文》："桓,亭邮表也。"《礼记正义》："亭邮之所而立澎木谓之桓，即今桥旁表柱也。"《汉书·尹尝传》注引如谆语，对亭邮表记述最详"旧亭传于四角面百步，筑土四方，上有屋，屋上有柱，高丈余，有大板，贯柱四出，名曰桓表"。这样的华表实物早已无存，但在古代画像石中却仍有完整的保存。在沂南古画像上，

华表的主要功能之一就是作为交通标志

中左端一对物，上有交午柱，与如淳所述桓表一模一样。

街道

有在路口所设，《古今注》记华表"大路交栅皆施焉"。有在城市街道或乡间要道所设。《后汉书·卫飒传》记汉交通要道"十里一亭，……五里一邮"，"洛阳二十四街，街一亭"。既然亭邮都设华表，那么这些街道自然而然也有华表无疑。

城门

《汉旧仪》记洛阳城十二城门，门一亭，有亭即有华表。《搜神后记》就记辽东有"城门华表柱"。白居易《望江州》诗写道："江回望见双华表，知是得阳西郭门。"隔江可以望见，说明城门华表相当高大。

桥梁

《史记·孝文纪》集解服虔云："尧作之桥梁交午柱头。"这种桥梁交午柱，在画像石中也有所见。沂南古画像所画桥头顶端有三角形的两个柱子，似为桥表。江苏徐州汉画像上桥头两个柱子，顶端有横木贯穿，则为桥表无疑。较大的桥头华表也非常高大，被称为桓楹。三国时洛阳城东桥、洛水浮桥、建邺南津桥皆有桓楹，因为高大，都曾被雷电击毁。这种大桥表的形状，在《洛阳伽蓝记》中有较详记载，

中山纪念堂云鹤华表顶端

洛阳"宣阳门外四里，至洛水上作浮桥，所谓
永桥也。南北两岸有华表高二十丈，上作凤凰，
似欲冲天势"。直到宋元时某些画中所画桥表，
仍然保持这个形式。如宋张择端所作名画《清
明上河图》，其中汴梁虹桥两端四个高大华表，
耸入云端，顶端除有交午木，正是还有一个"势
欲冲天"的大鸟。

码头

六朝时建康（今南京），朱雀大桥是水路
运输中心，就建有高大华表。《南齐书·五行
志》载：中大通元年（529年）"朱雀航华表
灾（被电击焚毁）。"这则记载都说明华表仍为
木制，形状可能与桥表相同。此外，还有临时

《清明上河图》虹桥部分画卷

设立的交通表木，如据《三国志·魏志二·田畴传》曹操征乌桓，最初傍海行军，后因大雨改道，"乃引军还，而署大木表于水侧路旁曰"。

还有一种是作为界标的表柱。《水经注·渭水注》记渭桥"桥高六丈，南北三百八十步，六十八间，七百五十柱，百二十二梁。桥之南北有堤，激立石柱，石柱南京兆主之，柱北冯栩全之"。

（二）建筑类

作为建筑物附属物的华表，亭邮表实际上兼有交通表和建筑表的双重性质。随着建筑事业以及技术与工艺的发展，建筑华表便逐渐从交通华表中分化出来。汉时在官署门前都设有

作为建筑附属物的华表很常见

伫立在宫殿群旁的华表

华表。《汉书·尹尝传》如淳注："县所治夹两边各一。"它的形状与亭邮表一样，其主要功用还是作标志。

汉时也出现了附属于宫殿建筑的华表。宫殿与官署同样需要指示方向的华表。但是由于它与建筑物结合，因此逐渐变为建筑组群的有机构成部分。交通华表不宜常变形状，而作为主体建筑装饰的华表则不然。随着物质文化水平的提高和建筑技术的革新，主体建筑的不断发展，对与之结合的华表，也必

清东陵华表

然有更高的工艺要求。这部分华表则由标志物
而变为装饰物，即如《史记·孝文纪》所云："后
代因以为饰"。据《三辅黄图》记汉建章宫"宫
北起圆阙，高二十五丈，上有铜凤凰。"张衡
在《西京赋》中也写到这个圆阙："圆阙以造天，
若双碣之相望。"这里所说的圆阙，可能即变
化中的华表，它顶端的凤凰与上述桥表凤凰，
不无联系。圆阙可能是木制，很难想象当时能
有那么高大的石制品。六朝时墓表已大量用石
制，宫殿华表改用石制大约亦在此前后。宋孔

偁《宣靖妖化录》记"宝篆宫"。"极土木之盛，灿金碧之辉，巍殿杰阁，瑶室修廊"，"为诸宫之冠，"宫前华表柱忽生松一枝"。这样华丽宫殿的华表也必然宏伟高大，随风飘来的树籽能在表上生株，说明它是石制。

到了明清时代，保留下来的华表便相当多了，以天安门前的华表为代表作。这对通体由汉白玉雕成的华表，以巨大高耸的圆柱为主体，全身饰以蟠龙，两旁伸出美丽的云板，顶端承露盘上的蹲吼，栩栩如生，与天安门在蓝天白云下，交相辉映，构成了古代劳动人民的艺术杰作。同原始的交午木相比，变化巨大。可是仔细看去，圆柱与云板之间，不正是还保存着十字交叉的基本形状吗？假

天安门前的华表

华表之类型和功能
059

天安门城楼华表底座精美雕饰

如根据传说，天安门后面的华表吼首向内，称为"望君出"；天安门前华表的吼首向外，称为"望君归"，意思是监督皇帝的行动。这当然是地主阶级掩饰专制主义的一种手法，但它毕竟还保留着古代"诽谤木"的遗迹与功用。

（三）陵墓类

陵墓类华表指得是在死者陵墓前方埋的华表。《周礼·秋官》："若有死于道路者，则令埋而置楬焉。"郑玄注："楬欲令其识取之，今时楬案是也。"《广韵》："楬契，有所表识也。"这当是最早的墓表。墓表最初也是木制，《续齐谐记》载："（燕）昭王墓前华表已千年，使人伐之。"由于陵墓标志要求具有永久性，便逐渐由木制改为石制，汉时已出现石墓柱。《后汉书·赵岐传》记岐病重，"乃为遗令敕兄子曰：……可立一员石于吾墓前，刻之曰：汉有逸人，姓赵名嘉，有志无时，命也奈何！"由于古人追求厚葬，大搞死后排场，墓表就失去标志作用，完全变成了陵墓的装饰物。王献《杂录》记："秦汉以来，……人臣墓前有石虎、石羊、石人、石柱之类，皆以饰坟垄，如生前之仪卫。"正道出了这个变化。潘安仁《怀旧赋》云："建茔起畴，服服双表，列列行楸。"华表成了陵墓神道必不可少的装饰物。

清西陵华表

陵墓华表也称标。《后汉书·中山简王传》记他死时，"大为修冢茔，开神道"。注云："墓前开道，建石柱以为标。"据《宋书·五行志》记"大明七年（463年），风吹初宁陵隧口标折。"而《建康实录》记同一事却云"大风折初宁陵华表"。可见标即华表。汉代石墓表在南北朝时还有人见到过，《水经注·淇水注》记："冀州刺史贾琼使行部，过祠（李）云墓，刻石表之，今石柱尚存，俗称谓之李氏石柱。"此外，《水经注》还多次提到古墓石柱。汉代石

清关外三陵华表上面的望天吼

墓表目前还未发现，可是六朝时石墓表却有所保留。梁南康简王萧绩墓华表，柱身虽无云板，但有一块"记名位"的方板，柱顶雕有石兽，已初现后来石表的形式。

从上述三种华表的演变看，最初都是作为标志物出现的，后来随着城市交通事业的发展，对标志的要求多样化，单一的标志华表便被淘汰。从中分化出来的建筑装饰华表和陵墓华表却向更高工艺发展，并且在样式上趋于一致，偶尔保留下来的个别桥梁华表，也采取了

卢沟桥前的华表

前者的形式。这就是我们今天能看到的天安门、十三陵、卢沟桥华表的同一样式。保留到现在的古代华表，除南京附近的元朝陵墓华表外，大部分是明清时的华表，遍布全国各地，其中大量是封建皇帝和封建官僚陵墓的华表，少数是宫殿华表。这些华表基本结构相同、但在局部的雕琢工艺上也有不同，如沈阳昭陵的华表，周身绕以瑞云，而无蟠龙，承露盘上也没有石吼；广西桂林明靖江王墓的华表，虽有蟠龙却非圆

清昭陵华表顶部

柱，而是一个八棱形柱。在现代修建的某些民族形式建筑物，也有采用华表以为装饰的，如北京图书馆。从一根原始的简单木柱，发展到后来石雕玉琢的精美华表，充分表现了古代劳动人民的高度智慧和艺术匠心。

四、现存华表古迹探微

东汉幽州书佐秦君石柱

（一）秦汉的华表遗存

自汉代以后，纯属装饰性物品。桥的两头、宫殿外、城垣和陵墓前等处多有设置。墓前的则称墓表。明代以前的历代宫殿多毁于战火，立于宫前的华表也未能幸免，因而现存明代以前的华表多为墓表。现存最早的华表是山东博物馆收藏的东汉琅郡相刘君墓柱和北京石景山出土的东汉幽州书佐秦君石柱。刘君墓柱和秦君石柱形制、结构、雕饰基本相似。柱形是古代建筑身圆形，雕刻隐陷直夸 U 棱纹（又称瓜棱形直纹、瓦楞纹），柱身接近柱头处有方形石额，上刻"汉琅郡相刘君之神道"字样。石额下面浮雕双璃，再下饰垂莲（又称覆莲）绕柱一周，与隐陷直夸 U 棱纹相接。整个石柱造型别致，雕刻精美。

（二）魏晋南北朝朝华表遗存

魏晋南北朝时期，华表作为建筑雕刻艺术趋于成熟，呈现南北不同的风格。北方以河北省定兴县的北齐义慈惠华表为代表，南方以江苏省南京市的南朝萧景墓华表为代表。

南朝萧景墓石柱

　　三国两晋时期屡禁厚葬。晋武帝咸宁四年（278年）诏令："石兽碑表，即私褒美，兴长虚伪。伤财害人，莫大于此，一禁断之。"其中"表"即神道石柱。但这一时期设置神道石刻现象并未绝迹。现存洛阳河洛图书馆的"晋故散骑常传骠骑将军南阳堵阳韩府君神道"题字，据考证为西晋时期的神道石柱铭文。1978年，河南省博爱县发现篆刻"晋故乐安相河内奇府君神道"字样的神道石柱，也是西晋时期的遗物。该神道石柱由柱头（已失）。柱身、柱座构成。柱身作圆柱体（即凸出）条纹，又称"束竹纹"。柱身上都有额，额上刻有文字。柱座为方形，无纹饰。总体结构造型与南朝石柱相似。东晋今仅存杨府君神道石柱柱额文字拓本，全文为："晋故巴陵郡察孝骑都尉枳杨君之神道君讳阳字世明涪陵太守之曾孙隆安三年岁在己亥十月十一日立。"全文共7行43字，分3段书写，字作隶体，但楷味甚浓，柱额形制与南朝石柱相当接近。此外，和南朝神道石柱可资比较的实物还有河北定兴县义慈惠石柱，这座纪念性

祖陵神道的石柱

石柱建于北齐天统五年（569 年），在莲瓣柱座上建立八角形的柱子，柱顶置平板，其上置一座面阔三间、进深两间的小石殿。柱身上段的前面作成长方形柱额，其上刻铭文，柱的形体隽秀，基本上保存了汉以来华表的形制。

南朝陵墓神道石柱由柱头、柱身、柱座三部分构成。柱头包括装饰有覆莲的柱盖和伫立在柱盖顶部的小辟邪，这与宋代柱盖顶部立一对鹤（《清明上河图》）和明清时期柱盖顶部立吼不同。柱身圆形或椭圆形，雕刻隐陷直刳棱纹 20—28 道不等。柱身上方接近柱盖处，凿有长方形柱额，长度超出往身直径，额上刻有

象牙螭纹佩

朝代、墓主官衔、谥号之类的文字。柱额文字一般一作正书，一作反文；或是一从左向右读，一从右向左读。柱额两侧线刻有礼佛童子（一说僧人执莲花）或者龙、凤、莲花之类的图案，柱额之下一般刻有神怪浮雕，浮雕之下有一圈绳辫纹，再下为一圈交叉缠绕的双龙纹。柱座上圆下方，上为两条头部相连、尾部相交的螭龙，据汉代王逸称：螭是一种神兽，"宜于驾乘"。双螭均有角有翼、双足长尾、张口衔珠，环伏围绕着一个圆形平台，平台中间有方形或长方形挥孔，神道石柱柱身的掉头便安插在其中；双摘之下为方形基座，基座四面一般刻有神怪浮雕。

南朝神道石柱均成对排列在陵墓前面的神道两侧。柱额一般都朝向神道入口处，唯有丹阳梁文帝萧顺之（梁武帝之父，死后益日文皇帝）陵前神道石柱柱额面面相对，是个例外。从实地勘查情况来看，神道石柱的柱头、柱身、柱座分别由石料精工雕琢后，

梁文帝萧顺之建陵一景

道石柱在经风沐雨近 1500 年后，多数柱头已失，相当数量的神道石柱仅剩柱座。

义慈惠华表是一个墓地的标志，约建于北齐天统三年至武平元年间（567—570 年），所以也被称为北齐石柱，至今已有 1400 多年的历史。此柱造型奇特，雕工粗壮有力，是遗存至今难得的北朝时代的艺术佳作。石柱用石灰石累叠而成，通高 6.65 米，分柱头、柱身、柱座三部分。柱头由柱顶和柱盖组成，柱顶是三间小佛殿，坐落在一块方石状柱盖上。佛殿虽很小，但相当精致，各部分都按当时建筑的实际比例缩制，可视为当时建筑的一个实例。柱身呈八棱柱状，上细下粗。柱身上方接近柱盖处凿有长方形柱额，柱额上刻"标异乡义慈惠石柱颂"，全文共 3400 余字，记述

义慈惠华表

了自北魏孝昌元年至永安元年间的一次大规模的农民起义，颂文虽是站在封建地主阶级立场上所写，但它却反映了当时农民起义波澜壮阔的情景，具有很高的史料价值。柱座由上部的覆莲环座和下面的两层方台组成。义慈惠华表设计精美，雕刻细腻，是北朝建筑和雕刻艺术的杰出代表。

南朝华表以南京市萧景墓华表、丹阳市梁文帝萧顺之建陵华表和句容市萧绩墓华表最为著名，南京尧化门外太平村萧景墓前的华表保存最为完好。萧景墓前华表原为两根，东西对称而立，现仅存西柱。柱高6.50米，柱围2.45米，由柱头、柱身、柱座三部分构成。柱头包括装饰有覆莲的柱盖和立于柱盖顶部的小辟邪，这

传说华表柱顶的蹲兽为太阳之子

现存华表古迹探微

南朝萧绩墓石刻

与宋代柱盖顶部立一对鹤和明清时期柱盖顶部立吼不同。柱身圆形，雕刻瓦楞纹24道。柱身上方接近柱盖处凿有长方形柱额，长度超出柱身直径，上反刻楷字"梁故侍中中抚将军开府仪同三司昊平忠侯萧公之神道"。柱额两侧刻有礼佛童子（一说僧人执莲花），柱额之下刻有神怪浮雕，浮雕之下有一圈绳辫纹，再下为一圈交叉缠绕的双龙纹。柱座上圆下方，上为两条头部相连、尾部相交的龙，均有角有翼，双足长尾，张口衔珠，环伏围绕着一个圆形平台。再下为方形基座，基座四面刻有神怪浮雕。值得一提的是，萧景墓华表和梁文帝萧顺之建陵华表的柱额都镌刻了当时流行一时的"反左书"，即两根华表柱额相对而立一方柱额为正书，而另一方柱额像镜子一样把对面的正书柱额镜像，字体左右颠倒。从南朝华表的造型来看，其风格很可能受了古希腊和古印度的影响，例如瓦楞纹柱身就有古希腊石柱的影子。这说明经过两汉和魏晋时期，东西方的交流已十分广泛。莲花宝盖的造型说明当时源于古印度的佛教在南北朝时期的极度盛行。

（三）唐宋时期的华表遗存

隋唐时期的华表继承了南北朝华表的风格，形制更加精美。西安唐陵华表是这一

南朝华表风格受到古希腊等国的影响

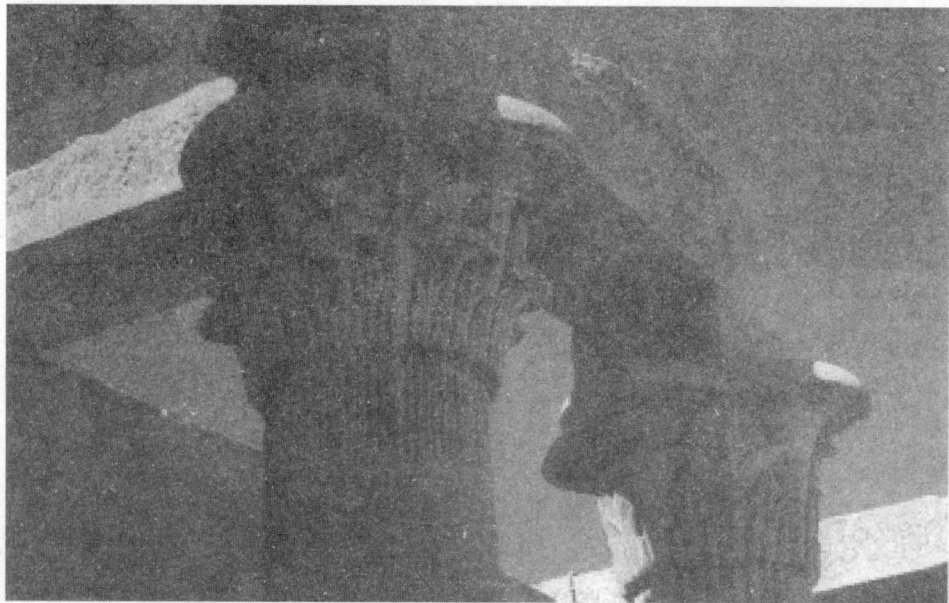

义慈惠华表

时期的杰出代表。唐代立国后，在帝王陵园大规模设置石雕渐成风气。列置石雕群的称为"陵"的帝王皇室墓葬有二十四处：关中唐十八陵，即献陵、昭陵、乾陵、定陵、桥陵、泰陵、建陵、元陵、崇陵、丰陵、景陵、光陵、

唐献陵石柱华表

庄陵、章陵、端陵、贞陵、简陵、靖陵；还
有兴宁陵、顺陵、惠陵，河北省隆尧县的建
初陵，河南省偃师县的恭陵。唐陵的原建规
模是很大的，据宋敏求《长安志》记载，昭
陵和贞陵周围一百二十里，乾陵周围八十里，
泰陵周围七十六里，其他一般陵周围四十里，
献陵周围二十里。各陵建筑制度基本一致。
《长安图志》载有《唐昭陵图》《唐肃宗建陵图》
《唐高宗乾陵图》等，绘制较详细。近年来
的考古发掘也证实了唐陵的基本面貌，一般
环陵有方形墙垣，墙垣四边中间设门，四个
方向分别为青龙门、白虎门、朱雀门、玄武门；

南京孝陵华表

墙垣四角设角楼，模仿宫城格局样式，在陵南朱雀门内建有献殿，规模较大，为陵园中的主要建筑。"寝宫"（下宫）一般建于距陵西南数里处。

最初的唐陵石雕设置既未形成后来的制度，也未延续前代的格式。献陵四门外夹对列有石虎，南门外又有石犀一对、神道柱一对。这种设置在昭陵被完全弃之不顾了，大概由于昭陵山南地形复杂，不利于石雕群的设置，故均设在北山后玄武门内，内容为十四国君的相貌和浮雕"六骏"。与帝陵同时建造的祖陵永康陵则已经开始了后来所见的一套设置格式，即在南门神道两侧设立神道柱、天鹿、鞍马、蹲狮。这套格式在稍晚些时候建造的建初陵和恭陵中得到延续和发展。盛唐时期的乾陵将前期各陵的格式糅合为一体，形成了唐陵石雕的一代制式。一般四门列蹲狮，北门增设鞍马，南门外从南端神道柱开始依次有序地排列着天马（或天鹿）、鸵鸟、鞍马与马倌、文武臣、番使、石狮，隔神道相对而立，并有石碑。各陵又出于不同原因而小有变化。武则天母杨氏顺陵是唐陵中较特殊的例子，开始所设石雕数量不多，尺度较小，但随着武则天逐渐位高权重，石雕设置也增加了，现存的石狮、天鹿皆高大无比，制式特殊。

　　唐关中十八陵原来都有一对华表立于

洛阳关林

各陵神道左右，至今保存仍然完好的有献陵、乾陵、桥陵、泰陵、建陵、崇陵、端陵、贞陵华表等。献陵华表是仍然受南北朝风格影响的初唐代表作。和南朝石柱相比，献陵华表造型更加简约刚毅，浑厚质朴，健壮粗犷，豁达昂扬。八棱形的柱身显得非常大气壮硕，柱座上浮雕的蛟龙和柱顶上圆雕的狻猊刀工十分简洁，赋形又极为生动。

乾陵华表雕刻细腻，继承了初唐石雕风格，又有所创新。华表柱头不再是礔兽，代之以圆雕的摩尼珠。摩尼珠呈胡桃形，是传说中的佛教宝物。柱身仍呈八棱形，每个棱面都刻有精致的蔓草、海石榴花纹。柱盖和

唐献陵华表柱座浮雕

华表

乾陵华表柱头为圆雕的摩尼珠

柱座均雕有莲瓣，带有浓厚的佛教艺术风格。华表通高 8 米，直径 1.22 米，巍巍矗立，衬托出壮观、庄严、肃穆而宏伟的气氛。桥陵、泰陵、建陵、崇陵、端陵、贞陵华表的形制同乾陵华表基本相同。

宋代华表遗存以河南巩义北宋皇陵华表为代表。宋陵属全国重点文物保护单位，位于河南省巩义市嵩山北麓与洛河间的丘陵和平地上。总面积约三十平方公里。地处郑州、洛阳之间，陇海铁路穿境而过，开洛高速贯穿东西，南有嵩山，北有黄河，依山傍水，风景优美，被人誉为"生在苏杭，葬在北邙"的风水宝地。

巩义宋陵

北宋九个皇帝，除徽、钦二帝被金所虏囚死漠北外，七个皇帝以及被追尊为宣祖的赵弘殷（赵匡胤之父）均葬于此。世称七帝八陵。按照埋葬时间的先后，八陵的顺序依次是：宋宣祖的永安陵、宋太祖的永昌陵、宋太宗的永熙陵、宋真宗的永定陵、宋仁宗的永昭陵、宋英宗的永厚陵、宋神宗的永裕陵和宋哲宗的永泰陵。加上后妃、宗室、亲王、王子、王孙以及高怀德、赵普、曹彬、蔡齐、寇准、包拯、狄青、杨六郎等功臣名勋共有陵墓近一千座，前后经营达一百六十余年之久，北宋的诸帝、后陵中，八座皇帝陵保存完好，皇后陵主要分布在西村、蔡庄、孝义、八陵四个陵区，占地三十余平方公里，形成了一个规模庞大、气势雄伟的皇家陵墓群。

　　北宋皇陵的诸帝陵园建制统一，平面布局相同，皆坐北朝南，分别由上宫、宫城、地宫、下宫四部分组成。围绕陵园建筑有寺院、庙宇和行宫等，苍松翠柏，肃穆幽静。西村陵区位于西村乡北的常封村和滹沱村之间，包括宣祖赵弘殷的永安陵、太祖赵匡胤的永昌陵、太宗赵光义的永熙陵；蔡庄陵区位于蔡庄北，有真宗赵恒的永定陵；孝义陵区位于县城西南侧，包括仁宗赵祯的永昭陵、英宗赵曙的永厚陵；八陵陵区位于八陵村南，

北宋皇陵一景

永安陵石刻

包括神宗赵顼的永裕陵、哲宗赵煦的永泰陵。帝陵坐北向南，由南向北为鹊台、乳台、神道列石；神道北即上宫；上宫四周夯筑方形神墙，周长近千米，四面正中辟有神门，神墙四隅筑有阙台（角阙）；上宫正中为底边周长二百余米的覆斗形陵台，台下为地宫。后陵在帝陵西北，布局和建筑与帝陵相似，只是形制较小，石刻较少。下宫为日常奉飨的地方，在上宫的北面或西北隅，地面建筑已荡然无存。

北宋八陵中，除永安陵外，其他七处皇陵的华表均保存完好。宋陵华表继承了唐陵华表的形制，但柱头的圆雕以莲蕊代替了摩尼珠，

柱头由大小两个莲蕊组成，上小下大，玲珑剔透。柱身为八棱形，与唐代乾陵华表相似，饰阳线刻的缠枝牡丹及云龙图案，线条流畅，雕刻精美。柱座为方基莲花座，这也与唐乾陵华表相似。与唐陵不同的是，宋陵华表柱身开始出现阳线刻的龙凤图案，这为后世华表形制的演变打下了基础。

（四）明清华表遗存

明代华表遗存有数十处之多，保存完好的如河南洛阳的关林华表、安徽蚌埠的汤和墓表、山东泰安的萧大亨墓表、南京孝陵华表、北京十三陵华表和天安门华表等。明代华表在继承宋代的基础上有所变化：其一，明以前，无论在宫殿前还是皇陵神道，一般立一对华表，左右各一；明代则立两对华表，前后左右各一，对称美感更强。明孝陵前的华表，柱与柱础俱呈六棱形，顶端为圆柱形冠，柱身浮雕云气纹，柱头则雕琢云龙纹，用整块白玉石雕琢而成，高达 6.52 米。关于石柱的位置，据《水经注》所述汉墓之柱，似尚无定规可言。但自宋以来诸陵，皆置于石象生之前，如同是领导卤薄的标帜。唯独明孝陵将石柱置于石兽与石像之间。这究竟是因为十二对石兽为后来所置，亦或其他缘故尚不清楚。如明十三陵长陵神功圣德碑楼的前后左右各立华表一座，天安门前后也是各立一对华表。其二，华表柱身由八棱柱演化

南京孝陵华表

华表
088

洛阳关林

天安门前的华表

明十三陵神道

华表

明十三陵神道两侧的神兽

为圆柱，柱身雕饰由线刻演化为浮雕，形制更加精美，反映了当时雕塑艺术的高超技艺。

　　明朝皇权高度强化，华表也随之成为至高无上、神圣不可侵犯的皇权象征，雕刻精美，威严肃穆。天安门前后各树立的一对汉白玉华表与天安门同建于明永乐年间，迄今已有五百多年的历史。每根华表由须弥座柱基、盘龙柱身、云翅、承露盘和柱顶蹲兽组成，通高 9.57 米，重 20 多吨。

明十三陵华表柱顶蹲兽昂首向天

在直径98厘米、有层层回环不断的浅浮雕云朵的石柱上，盘绕着一条巨龙，四足、五爪，雕刻得栩栩如生，跃然飞舞。在雕龙巨柱上部横叉着白石云翅，呈朵状。云翅上面是圆形承露盘，盘上有一尊"望天吼"。"望天吼"是传说中似犬非犬的怪兽，据说是龙的九子之一，有守望习性，虽为食人恶兽，民间却赋予它耐人寻味的功能。天安门前那对华表上的石讯背对皇宫，叫"望君归"，负责监视皇帝外出时的行为，盼望皇帝早日回宫，不要在宫外寻欢作乐，荒废朝政；天安门后一对华表上面向北的石吼叫"望君出"，负责监视皇帝的宫廷生活，盼望皇帝经常出来察看民情。八角形汉白玉须弥座四面雕刻云龙，外面四周环绕白石雕花栏杆，栏杆四角柱头上雕有四只小石狮子，头向与"望天吼"一致。天安门华表不但雕刻精湛，技艺高超，而且整体造型极为庄重，给人肃然起敬之感，是明代华表的代表作。西边华表的顶端现有一块明显的补丁，是 1900 年八国联军侵占北京炮轰天安门时损坏的。后来虽经修葺，但近代中国百年屈辱史却是无法掩盖的，它提醒人们永远不要忘记那苦痛的过去，激励后人为了中华崛起而奋斗。

清代华表完全继承了明代华表的形制，

天安门华表雕刻精湛，技艺高超

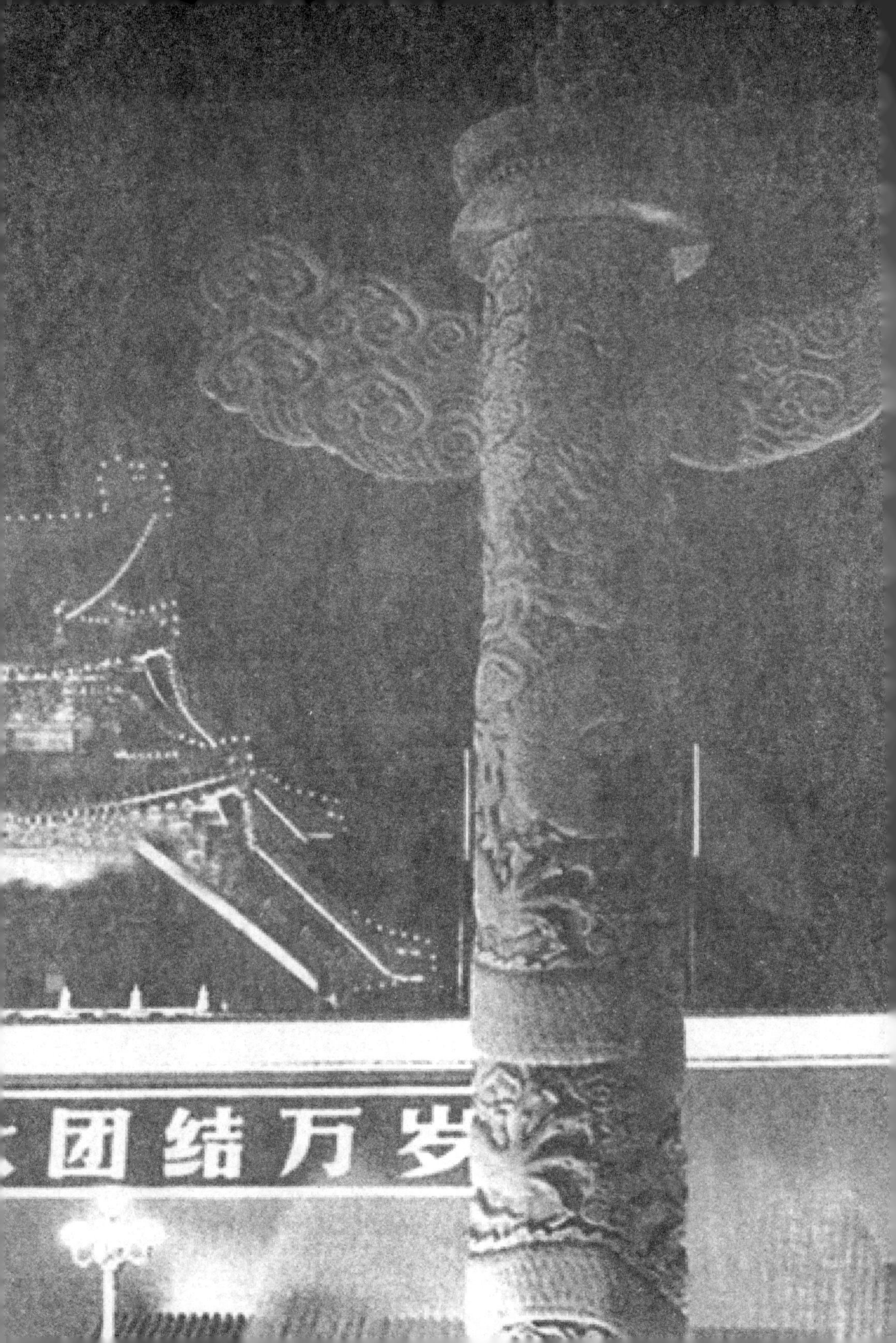
团结万岁

如沈阳清昭陵华表、河北遵化清东陵裕陵华表、河北易县清西陵泰陵华表和北京圆明园华表，后分别移入北京大学和国家图书馆院内等，均是清代华表的精品。昭陵华表有三对，一对在大红门外，距下马石不远的地方，一对在石象生之前，另一对在神功圣德碑之前。三对华表柱样式有相同之处，也有不同之处。它们的底座都是六角形须弥座，须弥座的上下枋及束腰部位刻有云龙、仰俯莲等文饰。柱体有的是六角形，有的是圆柱形，但上面的浮雕一样，都是龙蟠柱纹，雕刻形象生动的巨龙，

昭陵桃形华表

昭陵神兽华表

在浓密的云水间仿佛在盘旋升腾；云板横插在接近柱体的顶端，是一块长三角形石板，石板上刻有密集的云纹，有的云板还刻有"日"及"月"二字。在主体顶部有一个盘叫"天盘"，天盘之上为柱顶。昭陵华表柱柱顶有两种，一种是桃形望柱头顶（又称海石榴），另一种是怪兽。怪兽披麟挂甲，尾与鬃毛相连，鼻子长而且弯曲，浑身瘦骨嶙峋，样子似犬非犬，作昂首跷尾引颈高啸状。北京大学内的华表是清代华表的代表作之一，其原置圆明园安佑宫，清末民初崇彝《道咸以来朝野杂记》记载，此华表建于乾隆七年（1742年）。此华表的汉白玉柱体、柱基、柱身、云翅、

北京大学华表原置
于圆明园安佑宫前

承露盘和柱顶蹲兽均如天安门华表，不同
的是天安门华表柱身雕刻为浅浮雕，而北
大华表柱身雕刻则为高浮雕，云朵层层叠
叠，富有极强的立体感，盘龙鳞角峥嵘，
臂爪劲健，给人以龙翔云天之感，代表了
前清盛世精湛而高超的雕刻技艺。清陵的

清西陵华表

石制华表，通高十二米，底落在须弥座上，四周有栏。柱身周长四米多，一条升龙绕柱三匝在云海中戏珠，龙首处横贯一如意云板。柱顶承露盘中蹲一怪兽，似犬非犬，披甲昂首朝天像在吼叫，过去的人们都叫它望天吼。

由于封建帝后提倡厚葬事死如事生，后继子孙又竭力为其歌功颂德，过分地吹嘘也给死去的帝后带来了莫大的讽刺。因为僵卧在深深地宫里的帝后，无论"望君出"怎样地吼叫也无济于事，他们再也不会出来了。

五、华表之美

华表

石柱上的巨龙仿佛在浓密的云水间盘旋升腾

（一）艺术之美

华表最初的样子就是一根立柱，头上横贯一块木板。翻开宋代张择端画的《清明上河图》，可以看到在汴京城中虹桥的两端各有两根木柱，柱头上有十字交叉的短木，柱端立有一只仙鹤，这显然就是立在桥头的华表木。关于这只立在柱端的仙鹤，还有一段传说。汉代有个叫丁威的人学道成仙后，化作仙鹤飞到汴梁，落在城中的华表木上休息，引来许多人围观。有个少年拔出弓箭要射这只仙鹤，仙鹤忽然用人语唱起歌来。歌中感叹尘世变化无常，劝人们遁世避俗，学道成仙。于是，少年放下

华表柱上雕刻的祥云纹

仙鹤

弓箭,随仙鹤而去。传说明显带有迷信的色彩,
其实华表木顶端瑞兽的作用,一是为了装饰,
二是寄托了当时人们的愿望。随着岁月的更
迭,木质的华表经不住风吹雨淋,逐渐被石
料所取代。细长的柱身上方横贯一块石板,
柱顶用瑞兽作装饰,这种形式也被固定下来,
一直流传到明清两代。

　　一座华表可以分为三个部分,即柱头、
柱身和基座。柱头上有一块平置的圆形石板,
称为"承露盘"。承露盘起源于汉朝,汉武帝
在神明台上立一铜制的仙人,仙人举起双手
放在头上,合掌承接天上的甘露,皇帝喝了

华表承露盘由上下两层仰俯莲花瓣组成

这自天而降的露水就可以长生不老。后来都将仙人举手托盘承接露水称为承露盘，北京北海琼华岛上就有这样一座仙人手托承露盘的雕像。再以后，凡在柱子头上的圆盘，不管是不是仙人手举，不论能否承接露水，都称为承露盘。华表上的承露盘由上、下两层仰俯莲花瓣所组成，承露盘上立有小兽，这种蹲着的小兽在明清时期的华表上称为"朝天吼"。明清时期柱身多呈八角形，在宫殿、陵墓前华表身上多用盘龙作为装饰，一条巨龙盘绕在柱身，龙头向下，龙尾在上，龙身四周还雕有云纹，当人们站在天安门前高 9.57 米、清孝陵前高 12

华表上精细的龙爪纹饰

天安门华表造型极为稳重，
令人肃然起敬

华表之美

米的石头华表前仰首观望，在蓝天的衬托下，柱子上的巨龙遨游在太空云朵之中，显得十分有气势。

华表的基座一般都做成须弥座的形式，随着柱身也呈八角形，座上雕满了龙纹和莲花纹。在天安门的华表下面，基座外还加上一圈石栏杆，栏杆四角的望柱头上各立着一只小石头狮子，狮子头与顶上的石兽朝着一个方向，这种栏杆对华表既有保护作用，又起到烘托作用，使高高的华表更显得庄重和稳固。

（二）寓意之美

华表上的龙，是上古人们崇尚庶物的标记。但龙在上古文化观念中究竟指什么，至今

华表柱上雕刻的蟠龙

九华山地藏禅寺华表

仍为悬案。据《易经》解释，龙是一种于水、陆、空都可以适应的生物，是一种只可以感受不可以捉摸的东西，按此玄论推想，若从新闻史学角度来演绎《易》之理，窃以为：龙是指民意又即舆论的。因为只有民意又即舆论，才合乎这种只可以感受却不可以捉摸的状况。这还可以在《帝王世纪》中得到启示。禹等九人本是尧的内阁成员，不过没有分派各人的职务。舜摄政后分派了这九个人的言职。其中"龙"的职责就是分管意识形态领域的"纳言"工作，即舆论方面的工作。孔

华表顶端的祥云雕刻

安国说:"纳言,唯喉舌之官也,听下言纳子上,受上言宣于下。"可见"纳言"确为沟通舆论的工作。舜在任命时说:"龙,联畏忌谗说珍伪,震惊朕众,命汝为纳言,夙夜出人朕命,唯信。"从舜的话中,也证实了"龙"与"舆论"的关系。可能因《易》是周书之故,姬昌被商纣拘禁而演周易砂时,身陷图圄,面对纣王的无道,追患尧舜时代良好的舆论监督环境,不得不用曲笔,借"龙"来论兴亡之道。

云,在华表上也有其含义。云是黄帝时

代崇尚庶物的标记。"卿云烂兮，纠缦缦兮，日月光华，旦复旦兮。"这即是后世景仰的"光明社会"的由来，《易》说，"云从龙万则云行雨施"。这是指只要有一个良好的舆论监督环境，便会有一个风调雨顺的社会。又说，龙飞九天，则"万国咸宁"。这是指只要有一个良好的舆论监督的环境，便会有一个国泰民安的稳定社会。又说"纤君子得舆，民所载也"，这是指只有接受舆论监督的人，才能得到舆论的支持，得到人民的拥戴，这样演绎《易》之理是完全讲得通的，《周易》中许多关于"龙""云"的玄论，也就不难理解了。这也就是天安门华表上饰物所真正象征的意义。

华表的历史使命与人类文明的不断进步有关

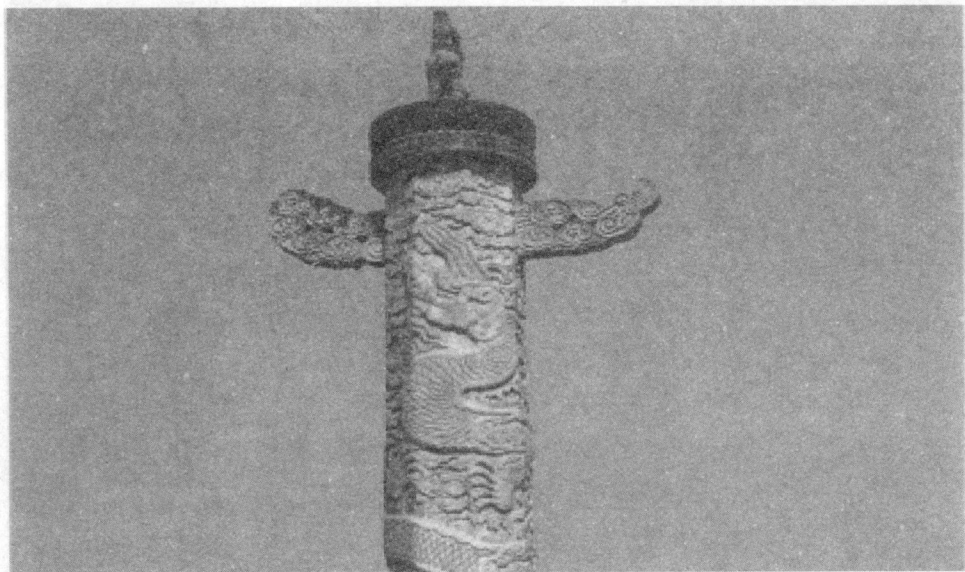

华表木作为人类早期的一种舆论监督工具，它的历史使命与人类文明的不断进步和历次革命有关。因为它毕竟是一种原始的、固定的、笨拙的、不理想的舆论监督载体。于尧舜时代华表木，一直是后世百王标榜自己风范的象征，至今仍以永恒的生命力及其圣洁的身姿，雄立于天安门前。

（三）宗教之美

建筑的功能是社会赋予的，建筑的类型是情感的结晶，中国公共建筑更是将上古祭祀、巫术等敬献自然神的礼仪进行系统化分类和归纳，上升为儒家文化集体意识的反映。

华表不仅仅是一个单纯的知识客体，它对

精美的华表

清东陵大碑楼旁的华表

北京图书馆前的华表

华表之美

国家图书馆华表

应的是一种特定的情感态度，人们只有在这个保护神的面前，个人在族群中的身份才能得到确定和认同。同时，每一个华表之间又存在着明确的亲属和等级关系，该氏族的华表与另一个氏族的华表具有某种胞亲或姻亲关系，它们构成了一个更大的社会群体，这些群体互不隶属又相互发生关系，彼此叠加，以此类推，形成一个有着血缘关系的社会生态链条，最后归属于一个更大的华表。"家——家族——家园——家国——家天下"这样一个由小及大、逐层推进的"家"文化就是在这样的背景下逐

渐形成的。图腾的原始文化意味从进入到文字时代开始日趋式微，而华表用于标明血缘、宗亲、身份、等级的意义被完整甚至扩大化地保留下来，华表过早地被打上了深刻的儒家文化印记。无论华表的社会意符如何演变，决定事物分类方式的差异性和相似性，在很大程度上取决于情感，而不是理智。既然华表的内涵是被社会的意志、集体的情感赋予上的，那么自古迄今，我们对待事物始终都存在着一种情感的、心理的判别方法，而非现代西方意义上的理性和逻辑方法，那就是

谭延闿墓前的汉白玉华表

华表很大程度上是精神
需要的产物

事物首先是神圣的或凡俗的，是纯洁的或肮脏的，是吉利的或不祥的，是朋友的或敌人的，它们最基本的特征所表达的完全是它们对社会情感的作用方式。

　　华表作为中国建筑文化特别是公祭建筑

天安门华表十分醒目

的重要范畴，很大程度上是纯粹精神需求的产物，至于审美的规定依据，我们认为只能是主观的，不可能是别的。事物所以为美，唯其属于这个图腾系统才是美的。于是，建筑与审美达成了一致，或者说在文化上的找到了契合点，审美成为建筑的文化标准之一。虽然那些曾用于确定血缘系统、族群关系、氏族等级、族际界限的观念已经成为文化基因保留在中华民族的文化记忆当中，并成为人的潜意识，成为反映在建筑上的一种悠远的文化情结和独特的建筑原型，但它却成为决定人的本质的核心要素，个体的人对事物的判断、定义、演绎、归纳等知性能力也因此才被赋予，人

丁濂墓华表

北京图书馆华表

华表
116

云板和柱子上的图案让华表
显得气势如虹

和事物的类属就此可以划分。

在中国，上升为集体意志甚至是国家意志的图腾符号系统与中国农业文明密切地结合，又同与之相适应的伦理型哲学——儒家文化相结合。华表从最初作为界限、种属社会关系确定的标志，演化成为渗透到社会生活各个领域和层面的文化符号，成为测恒星、定方位、算节气、序农桑、安驻军等事物的依据。虽然远古中国人的逻辑思维并不是一开始就是那样严密而理性，却是与"中国式生产方式"协调一致的哲学思维、逻辑思维、科学思维产生的

华表可谓中国的图腾符号

基础，也是我国以农耕文明为基础、小农经济形态为结构遗存下来的、那个漫长时代最具可操作性的，当然也是那个时代最完美、最完备的文化系统。在这个系统的引导下，中国人养成了敬畏自然、皈依自然的社会生态观，形成了"天人合一"和"师法自然"的建筑文化观。人们所有的社会生活都在这个观念下予以安排、调适、熔融、规范，人、建筑与自然已然成为密不可分、和平共处、和谐一致的生命共同体。于是，人们也获得了最佳的生存空间和在这个空间生存的最佳理由——在这个空间建筑当中，人们得以和谐、有序地审美生存，诗意栖居。

华表顶端的蹲兽

田义墓前矗立的一对高大的华表

柱子上的巨龙遨游在云朵之中

华表属于公祭建筑的重要范畴

华表